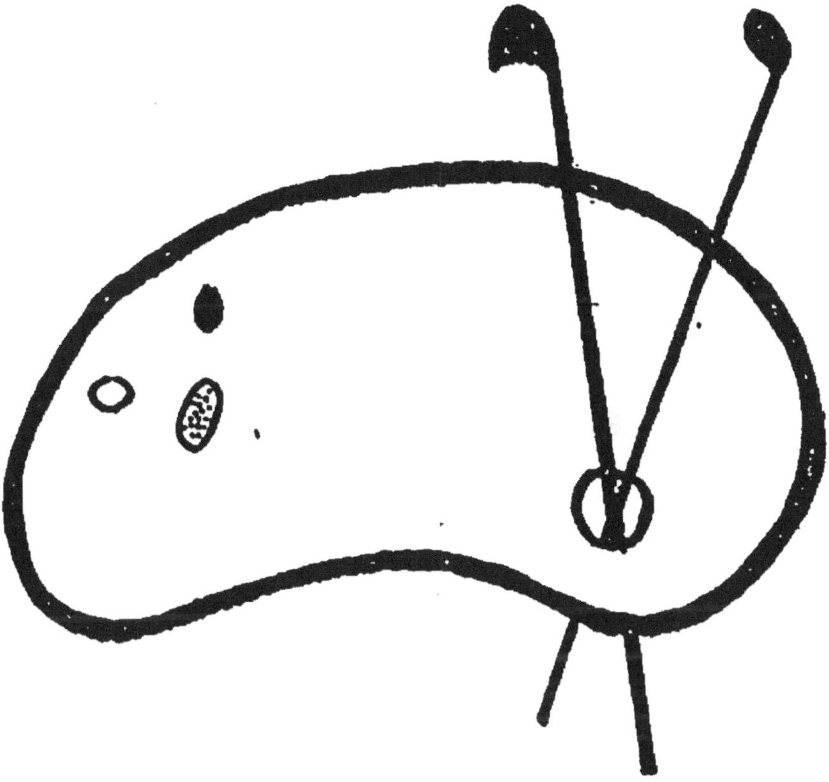

COUVERTURE SUPERIEURE ET INFERIEURE
EN COULEUR

PIERRE VERNINES

EN LORRAINE

—

PETITS CROQUIS DE L'ARRIÈRE

Pauca paucis.

PARIS

LIBRAIRIE BERGER-LEVRAULT

5-7, Rue des Beaux-Arts

MCMXIX

EN LORRAINE

PIERRE VERNINES

EN LORRAINE

PETITS CROQUIS DE L'ARRIÈRE

Pauca paucis.

PARIS

LIBRAIRIE BERGER-LEVRAULT

5-7, Rue des Beaux-Arts

MCMXIX

LÉOMONT

Le ciel était gris, le hâle soufflait dur,
l'air était sec et rude : un bon temps pour
profiter d'un après-midi de liberté.

De Haraucourt, aux trois quarts ruiné, par
Crévic aux toits ouverts, le chemin qui
monte vers Léomont est pittoresque en tout
temps. Aujourd'hui, ce morceau de Lorraine
ensanglantée est un pèlerinage. La côte de
Léomont, faîte qu'il faut gravir, est comme
le symbole que les âmes pieuses vont chercher, en d'autres lieux, sous la nef des
chapelles votives érigées en plein ciel. Ici,
l'âme de la grande patrie se révèle dans sa
résolution, et le cœur de la petite bat au

souvenir des sacrifices héroïquement consentis par les camarades tombés.

Amis lorrains, dont les fils et les frères ont porté sur l'humble capote les numéros fameux de la 11e division, gravissez avec moi ces pentes, par cette journée de printemps finissante. Au fracas du canon a succédé la paix de la campagne ; la charrue retourne le sol fécondé par les nôtres ; là où le tumulte a régné, un troupeau lent broute paisiblement l'herbe renaissante.

L'anneau de la chaîne n'a pas été brisé. Par les simples qui sont là, couchés pour toujours, cette terre féconde a connu seulement les heures d'angoisse du combat ; elle a été préservée de la souillure qui s'étend sur tant d'autres. Et la nature, ici, reprend ses droits sous les plis de notre drapeau.

Le jour baisse ; sur la campagne un voile s'étend déjà. A l'est, les lointains s'effacent. Anthelupt, serré autour de son église, s'assombrit. Léomont seul émerge; et là-bas, sur la route de Lunéville, objet de l'attaque ennemie, s'éclaire des dernières lueurs une croix de bois, dans un simple enclos, avec ces mots tracés :

Aux héros du 37ᵉ tombés ici
Autour de leur drapeau blessé.

Croix de bois, monument anonyme, combien grand dans sa modestie !

LA COTE D'ARRY

On aborde Arry par le nord, en venant de Novéant, ou par l'ouest, en traversant la Moselle à la hauteur de Pagny. Il faut grimper ferme, pour atteindre le village à mi-côte, bien exposé au soleil couchant. Et c'est au soleil couchant qu'il faut entreprendre la course.

Le site est peu connu, trop peu. Pourtant, il est d'une emprise puissante.

Je vins dans le pays, pour la première fois, au printemps de 1914, en voyage de découverte ; et bien souvent depuis, ma pensée s'est reportée sur ce paysage de frontière.

En avant, un peu à droite, s'ouvre un berceau aux pentes ombragées, plein de lumière. C'est le val du rupt de Mad. En bas, les arbres sont pressés. On distingue des maisons tranquilles, une rue montante, un clocher. Arnaville, insouciante du danger pourtant proche, repose nonchalamment dans la tranquillité du jour qui meurt.

Tout au pied de la côte, la grande route qui vient de quitter l'ancienne France, à la Lobe; elle poursuit sa course sur Corny, poussant vers Metz, au travers des lilas du village.

— Beaux lilas! disais-je en passant à un paysan.

— Oui, mais ils ne sont plus français.

— Patience, ami, ils refleuriront plus beaux.

Devant, c'est la Moselle déroulant son ruban d'argent dans la vallée déjà sombre, ample et large, dominée par les contreforts successifs de la Woëvre, qui se terminent, abrupts, en arrière, comme respectueux de l'eau passante. Les derniers, dans le fond, à droite, ceux sur lesquels, malgré soi, se portent les yeux, sont les étais du plateau de Gravelotte.

Hauts plateaux, toujours chers, où dorment d'autres morts de l'éternel conflit, c'est bien souvent vers eux que nos âmes s'égarent !

Dominant toute la scène, le pur château d'Arry, bijou français. Son bassin d'eau claire, architectural, semble jaillir du coteau, et reste suspendu sur les fonds qu'il surplombe sans audace.

C'est toute une France. Pas de rudesse dans ce paysage. Les lignes sont simples. Rien de heurté. Tout est paisible. Le sol n'a pu se faire germain; son vin clair qui fait les yeux gais, lui non plus n'est pas allemand. Et le château d'Arry n'est-il pas là pour protester dédaigneusement, dans son impeccable aristocratie!

A deux pas, cependant, le Saint-Blaise, tourmenté par des mains brutales, dresse ses deux crêtes jumelles, cuirassées de fer, élaguées de toute verdure. Les deux vautours, aux têtes rases, n'ont de regard que pour les pierres blanches espacées dans les champs, symbole de la frontière arbitraire.

Ils ne songent pas qu'à leurs pieds, la race vaincue ne fait que sommeiller.

Demain se lèvera sur la terre des vieux soldats; et les petits enfants d'Arry s'en iront dans les bois cueillir le gui antique et célébrer l'an neuf dans la langue de leurs mères.

J'étais là, quelque temps avant la guerre.

Et la Moselle, lentement, indéfiniment, coulait, emportant nos espérances vers le pays messin.

CAVALIERS LÉGERS
CAVALIERS DE L'AIR

Dans la cour du château de Lunéville la statue de Lasalle se dresse. Qui ne la connaît en Lorraine? Bien en selle, sur un cheval qui pointe, le général de trente ans maintient sa bête d'une main solide. Sabre à la main, devant ses escadrons, il va s'élancer.

Nous sommes en 1806. L'armée prussienne, outil forgé par Frédéric II, lourdement manœuvrée à Iéna et à Auerstædt par des bras inhabiles, vient d'être brisée. Il a suffi à l'Empereur de deux coups de marteau.

Maintenant, c'est la poursuite. Place aux

cavaliers légers. Hussards et chasseurs, au galop! Ils iront ainsi, deux mois durant, sur des chevaux fourbus, à cent kilomètres en avant de la Grande Armée, taillant, coupant les détachements en fuite, sommant les forteresses, raflant dans les mailles de l'épervier lancé sur la Prusse les officiers haineux et les brutes affolées de la soldatesque.

Cent ans ont passé sur l'épopée superbe. Mais la lutte éternelle redouble, ardente, désespérée, sauvage de tous les progrès accomplis. La cavalerie a quitté la terre, et, sur les avions ailés, les Walkyries nouvelles chevauchent les vents.

Justement, dans l'azur brûlant, une escadrille grandit à l'horizon. Elle monte jusqu'au zénith; son galop est un ronflement trépidant qui secoue les airs. Elle vient de recevoir l'ordre, elle a appareillé; la voilà qui franchit l'immensité. Comme ses ancêtres, les régiments de Lasalle, elle va, piquant des deux, à la queue des nuages, poussant loin et longtemps sa reconnaissance, tant que ses forces ne la trahiront pas. L'armée a les yeux sur elle, confiante. Des obus éclatent, taches blanches autour du peloton, mais il saute sans broncher les lignes ennemies. Maintenant, il est sur ses objectifs ; oiseau cherchant sa proie, il fouille le terrain. Dans quelques heures, les hussards de l'air, maîtres en voltes et en glissements, rapporteront leurs renseignements précieux.

Nous regardons la statue du général. Ce soldat était de pur sang ; on ne peut le croire figé à jamais dans l'immobilité du bronze. Il semble qu'à ce spectacle de guerre la figure de Lasalle s'anime jalousement et que son œil reprend de la vie pour regarder là-haut les camarades. Il voudrait les commander, toujours en tête, resplendissant de courage et d'audace.

Deux époques sont là, en présence : les temps héroïques, chauds encore de leur gloire, et notre temps à nous, grandi par le sacrifice, tout vibrant de patriotisme. Elles se pénètrent et se comprennent : la même race enfante les mêmes fils. L'avion qui passe salue la statue d'airain du précurseur.

Et, sur la terre comme dans le ciel, les sabreurs de la légère se retrouvent s'il faut entrer en chasse, forcer le Boche et sonner l'hallali.

CHASSEURS ALPINS

Lorsqu'on les forma, la Triple Alliance était en pleine floraison. Cet amalgame étrange où l'Allemagne de Sadowa, traînant à la remorque l'Autriche battue, forçait l'Italie à tendre la main aux Habsbourg, rayonnait sur l'Europe. Elle était l'œuvre de Bismarck, qui, pour la parachever, avait su trouver dans la péninsule le présomptueux Crispi, et exploiter contre la France l'occupation de la Tunisie.

C'était une garantie de paix, disait-on à Berlin.

Il n'en fallait pas moins parer le coup ; et il s'agissait, sans tarder, de faire face à la fois sur les Vosges et sur les Alpes. L'affaire n'était pas mince.

C'est alors, il y a déjà trente ans, que fut décidée la formation de corps spéciaux pour la défense de notre frontière du Sud-Est menacée. Pour une guerre exceptionnelle, il fallait des troupes exceptionnelles. On n'eut qu'à puiser, comme toujours, au grand réservoir du pays, et on les eut, comme toujours, sans peine.

Chaque corps d'armée avait autrefois son bataillon de chasseurs à pied. Mais, dès avant l'affaire Schnœbelé, en 1887, on avait rassemblé dans l'Est une bonne partie des bataillons disponibles à l'intérieur. On fit rentrer d'Algérie ceux qui y tenaient encore garnison et on dirigea le reste sur les Alpes. Il en vint de Morlaix, en Bretagne, de Bayonne, sur l'Adour, qui traversèrent par étapes toute la France.

Le général baron Berge, ancien collaborateur du colonel de Bange à la réfection de notre artillerie, commandait alors le 14e corps à Lyon. Il fut chargé de l'organisation des troupes nouvelles. Douze bataillons furent désignés qui reçurent une instruction et un équipement particuliers. On les dota du béret basque, très agrandi ; on leur enleva la capote pour la remplacer par une pèlerine vosgienne à capuchon, ample et longue ; on leur donna la vareuse que tous les chasseurs portent aujourd'hui, et les bandes molletières, d'origine indoue, adoptées depuis et peu à peu par toute l'armée.

La première fois qu'ils figurèrent en tenue de campagne sur les champs de Mars de Grenoble, de Chambéry et de Gap, on fut, ma foi, un peu interloqué. Le béret et les bandes molletières étonnaient nos conceptions de coiffures militaires plus ajustées et de pantalons tombant droit sur le soulier. La capote, vieux souvenir du premier Empire, ne montrait plus ses pans relevés, élégante quand même sur un corps svelte et jeune. Et puis, quel attirail ils avaient sur le dos ! Les piquets, le couvre-pied, la pèlerine roulée, la toile de tente par-dessus, et, sur le côté droit du sac, la canne recourbée en bois clair dépassant la tête, tout cela faisait un assemblage qui nous semblait, disons-le, peu militaire.

Et pourtant, au défilé, ce fut un délire d'enthousiasme. Aux accents de la *Sidi-Brahim*, les Alpins passèrent, sous les rayons du soleil qui se reflétait sur les neiges éternelles, dans la poussière du champ de manœuvres, à pas pressés, rapides, étonnant encore par l'étrangeté de leur accoutrement, mais si vivants, si Français, si chasseurs, que l'on n'entendait plus leur fanfare dans le tonnerre des hourras.

Ils étaient admis, ils étaient sacrés troupe de guerre.

Aussitôt, ils furent recherchés par tous les jeunes Saint-Cyriens et par les chefs de corps avides d'avoir en main une troupe solide et allante. Certes, les garnisons n'étaient pas toujours un séjour de délices, mais qu'importait ? Il y avait les quatre mois d'été, les quatre mois de manœuvres, et, avec eux, l'air incomparable des hauteurs, la splendeur des journées, la lumière rayonnante des nuits, les tourmentes aussi, les fatigues, souvent les dangers, toute la haute montagne, en un mot, avec son attrait indéfinissable, ses grandeurs, ses infinis.

Et puis on savait que des vallées abruptes du Piémont, de l'autre côté, pouvaient monter un jour des rumeurs de bataille ; et l'on s'observait avec les Italiens, escaladant les pics de la frontière pour voir toujours plus haut et toujours plus loin, savoir, connaître l'adversaire possible. Non, toutefois, sans une forte camaraderie qui sortait, pétillante,

des coupes d'Asti choquées sur le sommet
des cols, confraternité d'armes impossible
sur l'autre frontière où ce n'était plus, cette
fois, un adversaire galant qu'on avait devant
soi, mais l'ennemi.

Quand même, il fallait faire rude garde,
car les Alpins d'en face et les Bersaglieri
ne restaient pas en repos ; et on devait
veiller, veiller même l'hiver, sur les passages du Dauphiné et de la Savoie, à des
hauteurs invraisemblables, où l'on se terrait
avec vingt-cinq hommes, dans ces postes des
neiges, dressés en face du Chaberton ou du Val
Savaranche. Éloignés de toute vie humaine,
abandonnés presque à leur propre sort, ravi-
taillés le mieux possible, mais c'était tout,
au prix souvent de luttes mortelles avec les
avalanches, ces postes étaient cependant très
demandés par les officiers et par les hommes.
La vie plus intime entre tous, la vie en campagne en somme, les parties de raquettes ou

de skis sur les pentes, quelquefois une chasse aux chamois, beaucoup d'inconnu et de nouveau, et de temps à autre une descente dans les villes du bas, enfouies dans la brume, puis, après une bombe, la remontée vers le ciel bleu, au-dessus des nuages, dans la blancheur des glaciers, voilà ce qui les attirait.

Si les Alpins furent souvent à la peine, ils furent aussi souvent à l'honneur. On ne les oubliait pas en haut lieu, et les grands chefs venaient souvent les voir. Même, à une époque où quelques-uns, par rancune politique peut-être, voulaient que l'armée nationale ne fût qu'une caste, Félix Faure leur apporta, comme à l'armée des Vosges, la confiance du pouvoir. Il les passa en revue, en pleine montagne, au col de la Vanoise, et les échos de la Grande-Casse retentirent des accents de la *Marseillaise*. Qui ne se souvient de ce voyage où le Président aux guêtres blanches trouva la guêpe qui le piqua au cœur ?

Les Alpins prirent part à toutes les campagnes hors de France. En 1895, Grenoble forma le 40ᵉ bataillon qui partit pour Madagascar et mourut avec le 200ᵉ d'infanterie sur ses routes enfiévrées. Plus tard, le 7ᵉ et le 14ᵉ bataillon furent envoyés au Maroc. Solides toujours, dévoués toujours, ardents toujours, les montagnards à béret, venus de toutes les provinces rocheuses de la France, firent leur devoir amplement.

Puis la grande guerre survint. On les y avait préparés ; car, sans en être certain, on comptait bien que le voisin ne serait pas adversaire ; et, dès 1908, on avait changé le règlement de manœuvres. En 1909 même, nous les avons vus, aux manœuvres, allégés de leur harnachement alpestre, courir d'autant plus vite sur les routes du Bourbonnais et escalader les collines du Centre, des taupinières pour ces marcheurs intrépides. Aussi, ne se faisaient-ils pas faute de « pitonner », louange que le directeur des manœuvres, le général Trémeau, ancien commandant de la 2ᵉ division de cavalerie, leur décerna, non sans quelques réserves sur cette tactique essentiellement montagnarde.

Ils avaient été entraînés par des officiers d'élite. Le général Zédé, le général de Monard, premier commandant du 20ᵉ corps, alors brigadier, contribuèrent à les instruire. Dans leurs rangs ont passé le général Messimy, ancien ministre de la Guerre, alpiniste fameux, le général Bordeaux, frère de l'écrivain, depuis lors organisateur de l'armée grecque, et bien d'autres.

Aussi, rompus à la fatigue, habitués comme leurs camarades de l'Est à la rudesse de la vie militaire, les diables bleus aux jarrets de fer ne furent pas au-dessous de leur renommée. Sortis des plaines de l'Alsace où

Ils avaient vaincu, ils s'abattirent sur les Vosges un beau matin de 1914, se retrouvant là dans leur élément. Ce qu'il en coûta à l'Allemand de se mesurer avec eux, Dieu seul peut le dire ; mais nous savons ce que fut la défense de la ligne bleue sacrée par leurs bataillons héroïques, quels combats ils livrèrent à Saint-Dié et à Saint-Mandray, quelles furent les luttes de géants du Viell-Armand.

Depuis 1914, des années déjà ont passé ; du sang a coulé ; le fer a brisé dans sa fleur beaucoup de cette jeunesse vaillante. Les Alpins ont eu leur part, leur grande part des succès et des gloires. Mais, à vrai dire, ils ne sont plus Alpins, car il n'y a pas de place spéciale dans cette guerre pour les monta-gnards soldats. Les voici combattant comme les chasseurs à pied d'où ils étaient sortis et qui ne les avaient prêtés à la montagne que pour les ressaisir au jour de la revanche.

Que nous importe à nous? Notre admiration et notre affection les entourent. Qu'ils soient chasseurs d'Orléans, chasseurs de Vincennes, chasseurs à pied, chasseurs alpins, ils restent tous ensemble dans notre cœur, avec tout ce que le titre évoque de bravoure : les chasseurs.

A LA CAVE

Toute la journée le temps a été couvert ; mais, voici le soir. Invariablement, le ciel se dégage et la nuit devient claire, avec des étoiles sans nombre, presque une nuit rayonnante du sud.

On se couche de bonne heure, car on sait que, si les nuages se sont envolés, les oiseaux ennemis ne tarderont pas à venir, et l'on va prendre un acompte, à tout hasard.

Ah ! on n'a pas longtemps à attendre ! Des coups sourds, dans le lointain, le mugissement strident, toujours énervant de la sirène et les chocs pressés du tocsin ont vite fait de vous faire passer du pays des rêves à

celui des réalités. Et, chaque fois, on dit :
Encore ! comme si ce n'était pas chaque fois
la même surprise.

On écoute. Aucun bruit, si ce n'est peut-
être, mais on hésite, un ronflement rythmé
dans les airs, bien connu cependant... Le
débat commence dans la maison ; que fait-
on ? Faut-il descendre ? On discute, quelquefois vivement, car les meilleurs deviennent
mauvais dans ce réveil en sursaut.

Tout à coup, la canonnade éclate, vio-
lente, inégale, entremêlée du crépitement de
la mitrailleuse sur le toit tout proche. Un
bruit sourd et prolongé fait trembler les
vitres. Cette fois, il faut y aller ; les plus
prudents triomphent, et, clopin-clopant,
encore engourdis, la lampe à la main, de
mauvaise humeur, tout le monde se dirige
vers la cave voûtée en sous-sol. Ah ! les
sales Boches !

Là-bas, c'est un vrai salon. Chaque habi-

tant de la maison a voulu concourir à l'arran-
gement de l'abri. Table au milieu, fauteuils
et chaises autour, tout invite à la conver-
sation. On a caché les murs avec des restes
de papiers peints divers, et, dans un coin,
sur une caisse, sorte d'autel, une main
pieuse a placé la Vierge protectrice. On est
presque aussi bien qu'au premier. A part
l'humidité, l'air moisi, les rats qui montrent
leur nez, le tapis qui manque, et l'eau du
canal voisin qui sourd au pied du mur, ce
seraient les délices de Capoue sous le sol de
la Lorraine. D'autant que la société est va-
riée, mêlée en une collectivité égalitaire où
se retrouvent tous les étages, depuis le trot-
toir avec ses charmes jusqu'au grenier des
amoureux.

Et les conversations vont leur train. Sous
les écorces différentes, on a vite fait de lire
les caractères. Ceux-ci sont tristes, ceux-là
sont gais; d'autres restent sombres, furieux

toujours d'avoir manqué leur premier sommeil. Tel qui ne parlait jamais au logis
devient loquace, sans doute pour se donner
du courage. Un Nestor donne des détails
techniques sur le tir de l'artillerie. D'ordi-
naire, tout le monde se plaint de ce que le
Boche se promène impunément au-dessus des
toits, car on perçoit son murmure, sans que
nos aviateurs s'en préoccupent.

— Pour le coup, on n'entend plus rien,
dit une voix qui a envie de dormir.

Aussitôt c'est un concert de protestations.

— Mais la remonte n'a pas sonné, risposte
la majorité.

— Moi ! je m'en vais, dit la voix ; s'il fallait chaque fois attendre la remonte !

Quelques-uns font les braves et se lèvent,
sans grande ardeur. Un ménage se dispute ;
lui, tient pour la cave, elle, pour le lit, tout
de suite, quoi qu'il arrive.

Mais, boum ! voilà la sarabande qui

recommence. Cette fois, il n'y a pas de doute, c'est plus près. Tout le monde se rassoit. Un connaisseur affirme qu'ils repassent après avoir été sur la cité voisine, qu'il faut se méfier; qu'ils veulent se venger parce qu'on est allé sur Karlsruhe. Et les discours reprennent; cette fois sur les représailles qui sont justes ou justifiées ou qui nous en attirent, alors qu'on pourrait être tranquille. Après un moment, on ne sait plus si c'est le Boche qui a tort ou le Français qui a raison.

Le grondement s'arrête de nouveau. Des cloches tintent.

— C'est la remonte, dit un homme, qui n'est pas du quartier.

Tous les autres protestent, et chacun tire sa montre. C'est seulement 11 heures qui sonnent à l'horloge de l'église. Il y a des figures désappointées.

Enfin! des coups espacés tombent de la

cloche du tocsin, comme un glas, mais ils
paraissent joyeux. C'est bien la remonte.

On se salue poliment, avec des remercie-
ments aux habitants du lieu pour l'asile
offert, on s'invite pour le lendemain, et l'on
s'en va, comme on était venu, clopin-clopant, aidant les vieilles gens à franchir les
obstacles. C'est une vraie procession qui
s'organise à la demi-clarté des bougies et
des lampes fumeuses qui penchent. Et sous
les voûtes de la vieille demeure qui projet-
tent l'ombre tremblante des emmitouflages,
s'écoulent lentement les cagoules des Péni-
tents du sommeil écourté.

Allons! cette fois la soirée n'a pas été
tragique. Dans quelques instants on dormira, jusqu'au matin; et le soir.... on re-
commencera.

———

PENSÉES DE PERMISSIONNAIRE

Cet embusqué qui s'est soustrait à la vie du front estime que le salut du pays dépend de sa situation à l'arrière. Il n'est là que pour la reprise des affaires, dans l'intérêt de tous.

Ce sursitaire s'est tout à coup découvert agriculteur. Il fait commerce de vaches. A perte, affirme-t-il, pour le bien public.

On rencontre ce fournisseur de l'armée, redevenu subitement civil, à Trouville, à Biarritz, sur la Côte d'Azur, suivant les saisons. Cet homme succombe sous le poids du travail et des gains. Il lui faut du repos. Il ne continue ses noces du temps de paix que pour favoriser l'industrie hôtelière.

Ce presque failli d'il y a quatre ans vit comme un prince ; il travaille pour l'État. Patriote avant tout, il ne veut pas de bénéfices de guerre. Il les fait passer en achats de terrains industriels. Pas pour éviter l'impôt, mais pour préparer l'après-guerre.

Si le Français, comme on le dit, n'est jamais préoccupé que de son intérêt particulier, ces Français-là, qui songent tant à l'intérêt général, seraient-ils donc des Français de basse catégorie ?

****

Ce beau gaillard pérore au milieu d'un groupe, comme un orateur de réunion publique. Vieille habitude, peut-être. Il fait son effet et on l'admire. Il affirme, il a tout vu. Il reconnaît l'avion ennemi à son ronflement. On ne le trompe pas sur les coups de départ et il sait les coups d'arrivée. Par le sifflement de l'obus, il dit d'emblée le ca-

libre. Il soutient qu'il y a une ligne de tir
dont les grosses pièces ne peuvent s'écarter,
qu'elles éclatent après dix coups. Il a vu le
Boche attaquer en formations serrées, en
colonnes par quatre, précise-t-il. Il ne s'a-
brite pas quand les gothas sont en l'air. Il
n'a pas peur, il n'a jamais eu peur. Il a toujours été aux armées.

— A la régulatrice, je pense, dit l'amputé
qui l'écoute.

**

Dans les temps de calamité publique tou-
chant la patrie, beaucoup ont le jugement
faussé par leurs impressions, leurs sentiments
et leurs espérances. Ceux-ci sont les meilleurs.

Pour bien juger, il faut écouter les hommes de profit. Guidés par le seul intérêt, là
où les autres sentent et souffrent avec leur
cœur, eux jugent avec leur tête.

Ils sont neutres, épithète honteuse. Mais l'opinion des neutres est la bonne.

* * *

Il y a certains sujets, trop guerriers, qu'il convient d'aborder prudemment avec ceux qu'un hasard, puissamment aidé, a mis à l'abri. Si vous n'en faites rien, ou bien ces gens vous en remontrent avec leur science militaire, et alors vous vous arrêtez de vous-même ; ou bien vous les gênez, car, sans vouloir, certes, vous imiter, ils sont jaloux. Le pauvre a toujours envié le riche.

LE PAYS CAMOUFLÉ

La grande route conduit directement au front. Nous laissons en arrière Nancy aux trois quarts évacuée, mais si vivante encore à l'heure où les uniformes alliés se pressent dans les rues.

Les champs sont animés. Les villages traversés ont encore leurs habitants ; rien ne paraît changé à la vie paisible de la campagne. Les blés courbent sous la brise leurs épis d'or, et, dans les prairies, les bêtes paissent tranquillement. La hâlette en tête, robustes, semant de taches claires le vert des prés, les femmes lorraines remplacent au travail les hommes absents, aidées par les garçons que n'a pas atteints la conscription. La terre, cultivée consciencieusement, promet une récolte grasse ; elle aussi fait son devoir et répond à l'appel du pays.

À peine, par instants, le grondement sourd du canon sème dans l'air tendre ses ondes mourantes.

Quelques pas encore, une crête franchie, et voici que des tombes apparaissent, croix blanches piquées sur un tertre de gazon, avec des fleurs. D'autres croix portent les seuls mots : soldat allemand ; le droit des gens rend un hommage suffisant. Ce sont les vestiges des combats du début.

Maintenant, les champs sont vides ; pas de paysans, pas de bétail ; seulement le silence impressionnant des choses. C'est la zone de l'avant. Nous sommes en pays camouflé.

La nature, ici, semble asservie et souffrir comme une esclave.

Les barbelés dessinent sur les terres en

friche, au milieu de l'ivraie grandissante, leur tracé géométrique ; leurs lignes rigides ou ordonnées en bastions arrêtent tout passage à qui ne sait la marche imposée. Les tranchées, qui les suivent, font une entaille outrageante, cependant nécessaire, au sol autrefois fécond.

Sur la crête de Laneuvelotte, où les hommes seraient en vue, la route gravit toujours la pente et domine le pays ; mais elle doit mentir à son but et se dissimuler derrière la haie artificielle. Les branchages endoloris, crucifiés sur d'immenses panneaux, qui pliaient hier encore, sans rompre, gracieusement, au souffle du vent, arrachés maintenant à la forêt leur mère, frissonnent tremblants, sans sève, sur leurs étais rigides.

Près du talus, dans l'amoncellement des chaumes remués, on a englouti des montagnes d'obus. Par-dessus, des toiles, tapisserie vert et jaune, figurent un terrain labouré d'éraflures. La peinture, fausse et traîtresse, protège l'engin de destruction.

Les bois voisins, éventrés pour cacher la voie ferrée nouvelle, artère qui ne bat que la nuit, retentissent de coups sourds. C'est la plainte des arbres qui vont s'écrouler sous la hache. A la lisière une vaste ferme, ruinée par l'incendie, élève vers le ciel ses murs noircis, grandis, lamentables, encadrant le trou des toitures effondrées.

Ce paysage est mort. Il impressionne comme un musée de cire. Et quand, tout à coup, la sentinelle immobile, inaperçue au coin du décor, fait un geste de vie, on dirait un spectre qui bouge et l'on demeure saisi.

Pourtant, nous ne nous hâtons pas de quitter le pays camouflé et nous revenons à pas lents vers la ville. Confiants, nous savons que cet apparat sinistre est notre sauvegarde et que, autour de lui, sous son aile, la garde est sûre contre l'ennemi.

En passant, respectueux, nous saluons la croix de fer ajourée qui se dresse, très haut, au bout d'un profond enclos. Honneur aux braves ! est la simple et grande épitaphe de la tombe militaire de Champenoux, où dorment, trop nombreux, les défenseurs du plateau d'Amance. Souhaitons que personne ne touche à cette sépulture de soldats, faite par des soldats, et n'altère sa glorieuse simplicité !

Et nous rentrons, le cœur plus ferme au souvenir des vaillants que recouvre la terre, dans l'espérance d'un matin tout vibrant de victoire et de paix.

UN CANTONNEMENT : BOSSERVILLE

En avant du petit bois, sur le dernier pli de terrain, la vieille Chartreuse dresse au-dessus de la vallée de la Meurthe sa façade majestueuse, digne du grand siècle qui l'a vue naître.

Comme les peuples, les choses ont leur histoire. La Chartreuse de Bosserville n'a pas échappé à la règle, mais trois siècles ont passé sur elle sans l'entamer. Son cœur a saigné souvent, et le dernier départ des Pères qu'elle abritait n'a pas été sa moindre douleur ; cependant elle n'a pas été frappée dans la chair de ses pierres.

Monastère d'abord, pendant cent ans et plus, elle devint hôpital à la Révolution, puis fabrique, et, de nouveau, à la fin de l'Empire, elle ouvrit aux soldats malades ses portes hospitalières. Ensuite, les Chartreux reprirent possession de leur domaine primitif; nous les avons connus, silencieux et sévères, cloîtrés dans leurs cellules. Aujourd'hui, dans ses murs, des prêtres, hommes de foi, enseignent la jeunesse et l'initient à la vie sacerdotale, tandis que l'hôpital militaire, créé par la grande guerre, partage avec eux l'occupation du monument.

Ainsi, la Chartreuse maintient ses traditions. Charitable aux malades, ces pauvres de la mêlée humaine, elle leur dispense l'espérance avec le réconfort.

Cet hôpital n'est pas triste; il convient à des hommes fatigués de la lutte et leur assure, après l'effort, le repos et la tranquillité dans un site aimable et paisible d'où l'animation n'est pas exclue. La vie se concentre entre les deux ailes avançantes, sur la vaste terrasse, pleine de grandeur. C'est là que, suivant les goûts et les tendances, les uns rêvent à la terre natale, accoudés songeurs au parapet; que les autres pratiquent les jeux de leur enfance. Les boules disent la petite patrie dauphinoise ou savoyarde, les quilles les pays plus au nord, le croquet une nature plus affinée. Les coiffes blanches des infirmières se mêlent aux malades, apportant un peu de douceur, tandis que, dans la chapelle voisine, des chœurs de voix jeunes artistement conduits répètent des psaumes anciens pour la cérémonie prochaine.

Auprès de la Chartreuse, le hameau, écart de Art-sur-Meurthe, célèbre dans la gastronomie locale par l'apprêt de ses fritures, a sa petite vie propre, bien séparée de celle du chef-lieu qui, dit-on, lui tient rigueur. Il a son caractère à lui, il a ses habitudes et ses droits; il a jusqu'à sa pompe et ses pompiers.

C'est que Bosserville est fier d'avoir été fait par la Chartreuse. C'est elle qui l'a créé. Tout le monde y vivait à l'ombre du couvent dont les bienfaits descendaient sur bien des toits. Une modeste chapelle complète le tableau; elle est jolie dans sa petitesse; mais elle a des prétentions de paroisse. Elle est aussi un souvenir. Sur ses murs sont inscrits les noms des militaires défunts morts à l'hôpital de la Chartreuse en 1793 et en 1814, glorieuses épaves de la Grande Armée; et, près d'elle, une stèle rappelle la mémoire des infirmiers morts en service, seul monument connu érigé en l'honneur d'un corps modeste et dévoué.

Devant le porche de l'église, une place s'étend, une placette plutôt, sommes-nous tenté de dire, tant le vocable méridional vient de lui-même en entendant sonner l'accent du Sud des artilleurs qui plaisantent au lavoir. Le long du ruisseau, un ruisseau qui sait faire 'e torrent et couper le chemin quand ça : chante, la route en chaussée prend des allures de quai.

Les rues ont été baptisées par la troupe; l'une d'elles se pare du nom d'avenue; une autre, la rue Thérèse, — le nom vient-il du roman d'Erckmann-Chatrian — conduit au cimetière militaire ouvert autour du monument du Souvenir français. La colonne commémorative, heureusement placée sur un tertre qui domine tout le pays, devait perpétuer seulement la mémoire des morts des anciennes guerres ensevelis tout près, au bois Robin. A ses pieds dorment maintenant, dans la verdure bien ordonnée, chrétiens d'Europe, musulmans d'Afrique, Indous, Malgaches, symbole de la levée de toutes les races et de toutes les croyances contre l'ennemi maudit. Il va falloir ajouter sur le granit des Vosges les années de la guerre nouvelle.

Tout autour, le pays fait un cadre riant. On a devant soi les crêtes de la forêt de Haye, assombries par les bois, le plateau du Vermois, fertile ; à ses pieds les méandres de la Meurthe paresseuse ; et, dans le lointain, les tours de Saint-Nicolas, droites sur le thalweg de la vallée, se profilent sur les Vosges entrevues dans l'horizon profond.

Tel qu'il est, Bosserville est, pour les passants de l'heure, un cantonnement qui a ses charmes après les randonnées sur les routes de France et les tribulations de quatre années de rudesse. Nous ne lui disons qu'au revoir ; et, la grande affaire finie, si rien ne vient à la traverse, nous y reviendrons quelquefois pour rêver à la tourmente passée.

LE PORTRAIT D'ÉRASME

J'ai en Suisse un ami excellent, bien rarement rencontré depuis le temps, déjà lointain, où nous nous étions solidement liés.

Alors nos entretiens étaient toujours graves, voire même sévères. Pour ma part je me donnais comme obligation de faire valoir la France à ses yeux, les sentant prévenus ; je la voulais plus respectée de lui, et, pour cela, je me faisais moi-même très sérieux, non sans effort.

Un soir, c'était au retour d'un voyage dans le Jura bâlois, nous causions peinture, et je vantais, comme il convient, le musée de Bâle. Ce n'était pas, je dois le dire, sans décocher quelques traits acérés à l'adresse de Boecklin, vraiment par trop boche ; mais en réservant, par contre, toute mon admiration pour les œuvres d'Holbein, pour le portrait d'Érasme, en particulier. Sans songer à mal, je disais bonnement que je n'avais pas cependant retrouvé sa physionomie, telle qu'elle m'était apparue dans le fameux portrait du Louvre.

Il n'en fallut pas davantage pour exciter l'ardeur de mon ami, qui, bien que Holbein fût Allemand et Érasme Hollandais, se sentait comme atteint dans sa foi helvétique par ce propos sur un musée de Bâle.

— Comment, s'écria-t-il, le fameux portrait d'Érasme, pour employer votre expression, est à Bâle et non au Louvre !

— Je ne le crois pas, répondis-je, mais qu'importe ! Les deux sont également beaux. Et d'ailleurs, il est facile d'en avoir le cœur net en ouvrant le dictionnaire.

Un Larousse se trouvait à portée de la

main. Nous l'ouvrîmes. Larousse me donnait raison. Le fameux portrait d'Érasme, disait-il, est au Louvre ; mais des répliques en existent, notamment à Londres et à Bâle.

— C'est bien, dit mon ami. Mais qui dit cela ? un dictionnaire français.

Oh ! oh ! la réplique était rude et non dépourvue d'une franchise toute montagnarde. Je n'insistai pas.

Le souvenir de cette discussion, si significative, n'est jamais sorti de ma mémoire. Il y avait alors, dans l'esprit de nos bons voisins, une pénétrante infiltration allemande. Pour mon ami, il existait une vérité toute nue, apanage de je ne sais quels esprits supérieurs, vraisemblablement teutons ; et puis, il y en avait une autre, une vérité française, contestable celle-là, admissible seulement sur facture.

Les temps ont changé depuis lors.

La Suisse tout entière s'est ressaisie, la Suisse romande surtout. C'est qu'elle sait, maintenant, ce que vaut l'Allemand. Elle a trop subi le contact de cet ami louche, à la face souriante et fausse, pour ne pas défendre sa porte contre ses tentatives mielleuses. Aujourd'hui, il vient, la main tendue ; demain, si elle n'y prenait garde, c'est le poing levé qu'il frapperait. La Suisse aussi a compris que, près d'elle, persiste à vivre un grand pays, protecteur des faibles, aux idées claires, franches et nettes, plus glorieux que jamais, et qui combat le bon combat pour lui-même et pour les autres.

Mon ami, comme son pays, a les yeux dessillés. Je l'ai vu récemment. A table, il leva joyeusement son verre en l'honneur de nos soldats. Et, tout le premier, car il a bon cœur et bonne mémoire, il me parla du Louvre et du portrait d'Érasme.

———

LES ANNAMITES

Après trente jours de route, un grand transport, chargé jusqu'à la limite, les a débarqués en rade. Les grosses cheminées du bateau, couvertes de sel, disent la rudesse de la traversée sur les lames géantes de l'Océan Indien et les vagues pressées de la Méditerranée, non moins dures.

Enfin, le chaland, couvert de leurs grappes multicolores, décharge à quai sa cargaison humaine, et le ciel encore hospitalier de Provence, rayonnant de lumière, accueille les Annamites.

Nous allons les retrouver bientôt, presque au front, remuant la terre de France, ajoutant un ton de plus à la gamme de couleur des peuples ligués contre le Boche et prenant leur part de la grande œuvre.

On les a réunis en équipes, et, modestement, ils travaillent sous les ordres du chef français.

Que pensent-ils, ces jaunes à figure de bistre, aux yeux bridés? Énigme. Leur langue, leurs coutumes sont trop différentes pour que les deux civilisations se pénètrent. Il est difficile de les définir. Ce qu'on devine seulement, c'est qu'ils savent la France forte et juste; il n'en faut pas davantage pour qu'ils soient convaincus des nécessités de l'heure.

Ces expatriés semblent heureux et moins perdus que ceux des vieilles colonies, noirs et créoles aux dents blanches et aux yeux étonnés.

Ils se sont vite accommodés, tout en gardant leurs habitudes. Un rien les satisfait,

Les voici, accroupis sur les talons, autour de la marmite. Le cuisinier a préparé, avec un art que nous ne soupçonnons pas, le riz traditionnel, et fait bouillir avec patience, à petit feu, le bœuf de la ration. Méticuleux et propres, ils mangent à l'écart, par groupes, comme on accomplit un rite. Et ce n'est pas une des choses les moins curieuses de leur vie, à donner en exemple, que ce repas tranquille auquel chacun participe avec convenance. Difficilement, ils se livrent à leurs ébats ordinaires, dans un pays qui leur reste étranger, mais ils s'amusent comme de grands enfants. Au moins le pensons-nous.

Ils ont un faible pour l'excentrique.

Celui-ci paraît tout fier de se promener, par un soleil radieux, avec un parapluie sombre sous le bras; peut-être voit-il dans cet attribut la marque d'une supériorité : en Extrême-Orient, les mandarins seuls ont droit au parasol. Celui-là, détenteur d'un

gilet de soie noire brillant, l'arbore par-dessus ses effets de treillis bleu lavé, ou blanc
comme une casaque de jockey. Une bande
déambule dans les rues, armée de couvre-
chefs qui jurent, suroît de marin sur l'un,
chapeau melon sur l'autre. Tout cela, porté
d'un air digne, tandis que le fond de la cu-
lotte, arrangé en sampô, pend et ballotte
à chaque pas de leur démarche arquée.
Quelques-uns se prennent d'amour pour les
oiseaux et ne lâchent pas une cage attrapée
on ne sait où, dans laquelle ils promènent,
non sans vanité, un moineau aussi voleur
qu'eux-mêmes, ou quelque serin. Cet autre
doit être quelque paria; il porte sur l'épaule
une perche longue et solide, sur laquelle
sèche son linge; à chaque bout pend une
marmite ou quelque objet volumineux qui
se font contrepoids. De loin, sur le bord
du canal embrumé, sous les acacias grêles
et effilés, cette double potence qui se ba-

lance au-dessus du gros chaland remorqué sur l'eau calme, nous fait une vision de jonque dans un paysage bas du Delta tonkinois.

Nous rions de ce qui nous semble être enfantillages, sans songer que nos modes, quelquefois, ne sont pas loin d'être aussi ridicules. Ne rions pas des Annamites.

Pensons plutôt que tous ces pauvres diables, oiseaux perdus dans nos pays de brume, servent la France, au prix parfois de souffrances morales que nous ne pouvons pas comprendre ; et, passons-leur ces excentricités, puisqu'elles nous amusent et qu'ils nous aident. —

LE TROUPEAU

Sans arrêt, le canon tonne vers le nord. Il fait beau et chaud. Tout inviterait au repos et au bien-être; mais, la guerre est là, tout près, terrible. C'est une indéfinissable angoisse. De toutes parts, les habitants fuient, poussant devant eux leurs bestiaux apeurés, déjà recrus de fatigue, ahuris; une charrette branlante contient ce qu'on a pu sauver du Boche qui approchait. De vieilles gens, jamais sortis de leur village, s'en vont, hagards; des malades sont juchés sur des matelas, avec des meubles, pêle-mêle. La carriole avance avec peine dans la poussière, traînée par le vieux cheval.

Et le flot contraire, puissant, monte vers l'horizon en feu. Artilleurs, chevaux, fantassins, fourgons, camions, canons, tout ça monte, tire et roule dans un halètement continu, foule ordonnée penchée vers le danger.

Toutes les routes sont pleines. Mais le vieux berger, malin, ne s'est pas laissé prendre. Des chemins battus, ils n'ont cure, lui et ses six cents bêtes. N'est-il pas habitué à glaner par monts et par vaux, avec ses moutons et ses chiens ? La route, c'est l'affolement, la tourmente. Ce qu'il lui faut, c'est l'air libre. Ce qu'il veut, c'est sauver son troupeau.

La patrouille ennemie ne l'a pas surpris à la sortie du village envahi, car on ne lui en remontre pas. Où qu'il soit, d'instinct, il sait tous les passages. Son flair de vieux paysan le sauvera toujours ; et, partout, jusqu'à cent lieues, s'il le faut, il ira, trouvant la bonne place pour parquer ses brebis et reposer ses agneaux.

Il n'a que ce qu'il porte sur le dos, pas un sou, pas un morceau de pain. Le départ a été trop violent. Mais, avant tout, il fallait sauver le troupeau du village, et, le troupeau, c'est son régiment, à lui; il ne l'abandonne pas. Voilà cinquante ans qu'il les garde, les moutons qu'on lui confie; tous, il les connaît et il les aime; voilà cinquante ans que ses regards s'en vont au loin, chercher la bête égarée, cinquante ans qu'à fouiller la campagne, les rides croissent à plis serrés autour de ses paupières et enfoncent ses yeux clairs. Il a vu l'autre guerre; un jeu d'enfant, dit-il, à côté. Aussi, il se méfie.

Et les Boches ne l'ont pas eu. Il marche, il marche toujours derrière ses bêtes. Elles s'arrêtent juste pour arracher l'herbe rase, d'un coup de tête, et reprennent leur course, plus vite. Leur piétinement pressé racle la terre et soulève dans l'air rose et bleu du soir une impalpable brume, encens qui monte autour du vieux pasteur.

C'est une détresse que cette fuite à travers les terres, et nous voulons consoler le vieillard. Mais il est de la solide race de la vieille terre de France. Et, malgré tout, il conserve sa gaîté. Il n'a pas de toit pour s'abriter, ce soir ; eh bien ! il dormira derrière la haie, et l'air frais du matin le réveillera. S'il pleut, qu'importe ! Il n'a pas de pain, il n'a pas le sou, mais son œil clignote et en dit long. « Avec six cents moutons, pensez-vous qu'on soit en peine ? » S'il le faut, il en tuera un, celui qui ne pourra plus suivre. C'est avec une larme qu'il s'en sépare, mais comment faire ? Il faut bien qu'il vive. Sans lui, que deviendraient les bêtes ?

Et le vieux berger continue sa marche errante. Chemineau de la guerre, il ne s'arrêtera plus qu'au jour de la victoire, quand, piétinant en sens inverse le chemin parcouru, il parquera de nouveau dans les lieux aimés de sa jeunesse, sur la terre qui ne peut manquer.

METZ

Avant la grande guerre, le pays messin était pour nous, Lorrains, un pèlerinage.

Il nous en aurait coûté de passer un été sans fouler la terre des plateaux où s'étaient déroulés les combats de 1870 et sans rendre visite à la cathédrale de Metz, en saluant au passage les figures de Fabert et de Ney.

Que de fois nous avons suivi la grande route, jalonnée par les points fameux de Mars-la-Tour, Rezonville, Gravelotte et Saint-Hubert ! Voie douloureuse, sur laquelle nous avons songé, avec stupeur, aux vétérans de Sébastopol et de Solférino déployés sur ces plaines, succombant sur place, restés, dans leur discipline, dociles aux ordres inexplicables d'un maréchal de France enlisé dans la honte.

Nous aimions à nous plonger dans cette tristesse, car elle n'était pas faite d'abandon ou d'irréparable, mais au contraire d'invincible espérance. Nous ne pouvions admettre notre deuil. Si la vieille armée avait dû courber son front sans tache au jour du 29 octobre 1870, la cause était la faute d'un homme; et nous sentions que, suivant la parole du duc d'Aumale au Conseil de guerre de Trianon, il restait « la France ».

C'est ce sentiment d'une injustice à relever qui nous permettait de subir, sans trop de larmes, la vision de ces champs de bataille : un musée de douleurs françaises.

Les monuments guerriers, épars dans les champs, empreinte de l'Allemagne victorieuse sur la terre paisible et féconde, y symbolisent, dans leur style rude et sombre, la pensée de la nation brutale. C'est une mythologie farouche qui s'étale, déification de la force sous les traits mal équarris de guerriers sinistres qui veulent être vibrants et restent sans vie, impressionnants comme la mort qu'ils ont semée.

Mais on passait, et, quand, du fond du ravin de la Mance, on avait gravi le plateau de Saint-Hubert, on oubliait vite le champ de tristesse dépassé. De là-haut on voit tout le pays messin s'étendre au pied du Saint-Quentin. La Moselle qui vient de frôler Jouy-aux-Arches déploie sa ligne d'argent ; la grande route descend en un large contour sur la croupe aux flancs garnis de vignes ; Rozerieulles et Sainte-Ruffine, deux noms de gracieux villages, la regardent étendre son ruban vers Metz qu'on a devant soi. Ce pays-là, le pays messin, c'était bien la France !

Ainsi nous l'avons vu souvent, ce tableau de regrets et d'espoirs, et jamais nos yeux ni notre cœur ne se sont lassés de le contempler.

Depuis, pendant la grande guerre, alors que les tranchées faisaient encore une barrière à nos élans, nous avons refait ce pèlerinage de pensées.

C'était par un clair dimanche d'octobre 1918. Le soleil brillait, l'air était pur sous un ciel clair d'automne. Nous étions montés dans les bois du Chapître au-dessus de Morey. Derrière le camouflage de la crête parfois battue par les obus, nous distinguions nettement la grasse vallée de la Seille. Au fond de l'horizon, apparaissait sur la plaine Metz, captive encore.

Soudain, à notre gauche, de formidables détonations retentirent. La forêt de Puvenelle, garnie de pièces à longue portée, se gonflait de grondements. Quelques secondes, et nous voyions éclater, sur les forts allemands du sud de la forteresse, les obus américains. La canonnade dura assez pour noircir l'horizon de la fumée des éclatements. Et nous applaudissions les coups au but qui soulevaient la terre asservie et la délivraient des meurtrissures du pionnier prussien. Par-dessus le nuage des projectiles, la cathédrale apparaissait au loin, glorieux témoin de la revanche.

Aujourd'hui Metz est à nous.

Qu'un jour il faille la défendre, et cette fois nous saurions combattre, sous l'égide des paroles de Fabert, restées la flétrissure du maréchal Bazaine :

Si, pour empêcher qu'une place
Que le Roi m'a confiée
Ne tombât au pouvoir de l'ennemi,
Il fallait mettre à la brèche
Ma personne, ma famille et mon bien,
Je ne balancerais pas un moment à le faire.

JEAN DUBOIS

Le silence, ami du travail, ne régnait pas précisément dans le grand salon lambrissé du vieil hôtel de la rive gauche, transformé en bureau militaire. Les machines à écrire attendaient, muettes, le tapotement des dactylographes. Militaire ou civil, le personnel paraissait tout à fait décidé à tuer le temps le mieux possible, préoccupé surtout de la dernière affaire de cocaïne.

Quelques coups timides sur la haute porte d'entrée à deux battants indiquèrent l'arrivée d'un gêneur. Les rires descendirent d'un ton, puis reprirent. Personne ne répondait. Que risque-t-on à user la patience d'un solliciteur qui s'annonce aussi modestement ?

Les coups, cependant, se firent plus pressants. « Entrez ! » dit alors une voix furieuse, ponctuant l'autorisation d'un grognement mêlé de jurons.

Toutes les têtes se tournèrent curieusement vers l'intrus.

Jean Dubois entra timidement. Trois musettes gonflées autour des reins, la capote décolorée pilée par le voyage, le hâle du front sur la figure, il était la vivante image du poilu. Mais devant toute cette société, il ne se sentait pas très à l'aise pour expliquer son cas, comme il disait. Et ses gros souliers ferrés qui glissaient sur le parquet ciré achevaient de lui enlever toute assurance.

Pourtant les gaillards qui le regardaient s'avancer étaient soldats comme lui ; mais rien ne l'attirait vers ces copains qui lui semblaient d'une autre espèce. Devant ces jeunes gens, peignés et lustrés, lui, le paysan, vieux chevronné, médaillé militaire et croix de guerre, il se sentait tout gêné. Son casque, pendu avec ses musettes et son quart, faisait une musique indiscrète. La coiffure encombrante accrocha tout à coup un coin de table. Des paperasses et un encrier dégringolèrent.

— Faites donc attention, espèce d'abruti ! dit une voix sèche. Et puis, essuyez donc vos pieds !

— Essuyer mes pieds ! essuyer mes pieds, répondit Jean Dubois, étonné, mais trouvant tout de même la chose drôle, voilà plus de quatre ans que je les essuie dans la flotte !

— Allons ! ne faites donc pas l'idiot ! vous n'êtes pas dans les champs, ici !

Ah ! zut ! du coup la moutarde lui monta au nez.

— Viens-y donc, avec moi, dans les

champs, sale produit ! cria-t-il ! Mais non, tiens, crâne ici avec ton poulailler. T'es mieux là. Là-bas ! aller là-bas ! Ah ! mon pauv' gas, t'aurais peur des totos !

De voir des morveux à fine taille, habillés en soldat, lui faire la leçon, à lui, qu'un général avait embrassé, il eut soudain un sursaut de dégoût. Sacrebleu ! qu'est-ce qu'il y foutait donc, là-bas, à risquer sa peau tous les jours? C'était pour ces gens-là, quand même, qu'il se battait et qu'il défendait la vieille terre. Alors, quoi ! il était donc la poire !

Son visage avait pris une expression terrible et son poing solide s'était fermé, comme pour écraser. Ah ! ils ne plaisantaient plus, les pommadés sans sexe qui parlaient si haut tout à l'heure, et les regards se faisaient inquiets. Cette fois le silence régnait.

Sa réclamation, son cas, il n'y songeait

plus guère. Pensez-vous? s'aligner devant ces embusqués pour obtenir son dû !

Et il s'en fut, emportant seulement au cœur une rage haineuse, qu'il ne savait exprimer, mais qui porterait ses fruits peut-être.

— Tas de salauds ! s'écria-t-il pourtant, en faisant claquer la porte.

LES PRISONNIERS

Ça, ce fut la honte dernière de l'Allemagne.

Dès le 12 novembre, sur les routes de Metz et de Château-Salins, nous vîmes apparaître des bandes de ces malheureux, hâves, déguenillés, loqueteux.

Ils avaient été amenés dans les bois près de la ligne des avant-postes et lâchés en pleine campagne, sans vivres ni secours, comme des convicts, abandonnés à leur propre sort. Il y avait des mourants parmi eux ; à peine purent-ils, au prix des pires souffrances, faire leur dernière étape ; il en est qui vinrent expirer d'inanition à Nancy.

Jamais, dans l'histoire moderne, pareils exemples de lâche férocité n'avaient été donnés au monde. Il a fallu que l'Allemagne se constituât en nation pour qu'on pût connaître la mesure de ce que pouvait être sa haine organisée, son désir réglé du mal. Car, on ne saurait s'y tromper, c'était un système qu'elle appliquait. Sous couleur de conduire une guerre terrible, pour la rendre plus courte et plus humaine, excuse peut-être, l'Allemagne cachait sa volonté de détruire. De détruire non pas l'armée seulement, faite pour se battre, en s'attaquant aux combattants eux-mêmes, mais de détruire le pays, qui plus est, la race. Elle y a réussi, hélas! en partie. A l'armistice 460.000 prisonniers français restaient dans les camps allemands; nous savons que le nombre de nos soldats capturés était bien supérieur. Que sont devenus les autres? Lamentable et douloureuse question.

Nous avons vu les uniformes de 1914, recouvrant les corps amaigris et tremblants de fièvre de nos frères. Nous avons vu pire encore : les prisonniers anglais. Ah ! sur ceux-là, il semble que la main de l'Allemagne s'est appesantie plus lourdement. « Gott strafe England ! » Oui, c'est au nom de Dieu, par une sorte de parodie sinistre, que le Boche a ordonné, que, plus lâche encore, le Boche a exécuté l'infâme besogne de tuer à petit feu, dans un « hard labour », sans nourriture, sous un climat de mort, les soldats de la libre Angleterre.

Nous autres, Français, insouciants et bons diables, nous oublierons peut-être les souffrances infligées aux nôtres. Mais notre devoir envers nous-mêmes est de nous souvenir toujours, et s'il faut un appât à notre mémoire dans un moment de défaillance, de nous souvenir des misères de nos Alliés, les prisonniers anglais.

On peut pardonner le crime d'un individu.

On ne doit pas pardonner le crime d'une race.

———

LE 11 NOVEMBRE 1918

Il y avait huit jours à peine que, pour la dernière fois, les avions boches étaient venus sur Nancy, arrosant la ville d'une soixantaine de bombes, brisant et tuant. Le 10, un dimanche, dans l'après-midi, des chasseurs, en pleine forêt de Haye, avaient la joie d'assister à la descente forcée d'un aéroplane allemand ; et le soir même de ce dimanche, à 7 heures, la sirène se faisait encore entendre.

Toute la nuit on perçut le bruit sourd d'un canon lointain, et le matin du lundi 11 encore des grondements secouaient l'air.

L'aube était radieuse et froide.

Serait-il vrai qu'elle se terminât, cette lutte gigantesque ? Pour parler franc, il y en avait qui désiraient encore se battre et qui tendaient anxieusement l'oreille, satisfaits au moindre bruit de combat surpris. La 10ᵉ armée, celle du général Mangin, n'était-elle pas autour de nous, orgueilleuse des coups donnés, frémissante d'un ardent désir d'achever la bête ? Quelle ruée c'eût été, celle de ces divisions d'assaut mordant à la gorge la brute malfaisante et la terrassant dans un combat suprême, sur les lieux mêmes de tous nos espoirs, en pleine Lorraine, en pleine Alsace, dans une bousculade qui ne finirait que dans les flots du Rhin !

Des bruits couraient en ville. L'armistice est signé, disait-on. Cette chose attendue, escomptée depuis trois jours, était-elle possible ? On n'en voulait rien croire, tant la

pesée de quatre ans d'angoisses et de douleurs patriotiques nous avait façonnés à
la dure et nous enlevait toute espérance
d'un bonheur pareil auréolant les jours de
gloire des derniers mois.

Soudain, à 10 heures, les cloches se firent
entendre, puissantes, majestueuses, sonnées
en volée, roulant du haut des clochers sur
la foule qui s'amasse les ondes de leurs vi-
brations de fête. Ah ! nos cloches de France,
que leur bourdonnement était doux à entendre ; qu'il volait joyeux et grand, leur
hymne d'allégresse annonçant la victoire
insigne ! Ah ! nos cloches lorraines qui
avaient tinté lugubrement pendant les heures
endeuillées de la précédente guerre, qui s'é-
taient réveillées ensuite à l'espoir, qui s'é-
taient tues pendant les quatre ans de combats gigantesques, ah ! ces cloches lorraines,
qu'elles étaient pimpantes et légères, qu'elles
étaient graves et souriantes !

Toute la France de l'histoire flamboyait en rêve devant nos yeux éblouis, la France des Croisades, illuminée d'ardeur mystique, celle de Jeanne d'Arc ardente dans sa foi patriotique, la France renaissante de François Ier, celle de Henri IV apaisée dans une réconciliation des cœurs. Puis c'était Louis XIV, le dix-huitième siècle enfantant les libertés publiques, et, plus près, les luttes géantes de la Révolution, les chevauchées de l'Empire, des siècles de gloire qui défilaient dans notre pensée, au son des vieilles cloches vibrantes de toutes nos traditions.

Nous avions donc connu, nous aussi, le grand frisson de la victoire, cette émotion impalpable et sacrée, à peine perceptible tant elle est douce, écrasante aussi tant elle est colossale. Nous avions donc connu, nous autres, enfants de 1870, citoyens toujours courbés sous le poids lassant de la défaite,

la joie indicible du droit restauré et la fierté
profonde et calme de la revanche.

Et l'avenir nous apparaissait déjà, apaisant et consolateur, rudement construit sur
les ruines sanglantes, fécondé par le sacrifice.

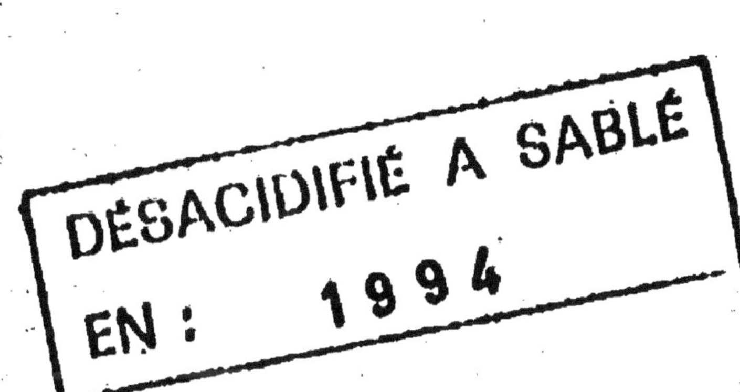

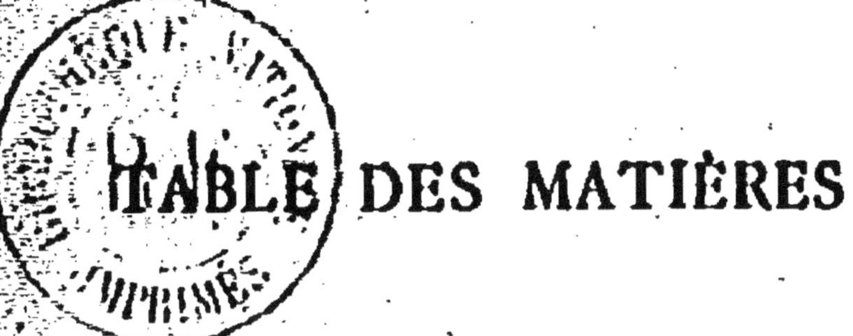

TABLE DES MATIÈRES

NANCY, IMPRIMERIE BERGER-LEVRAULT — JANVIER 1919